# RAPPORT

## SUR L'HISTOIRE

## DES CANAUX D'ARROSAGE

## DES PYRÉNÉES-ORIENTALES.

# RAPPORT

## A LA SOCIÉTÉ ROYALE ET CENTRALE D'AGRICULTURE,

*Sur l'Histoire des canaux d'arrosage et des Cours d'eaux des Pyrénées-Orientales, de M.* JAUBERT DE PASSA;

Par M. HÉRICART FERRAND DE THURY,

Maître des requêtes au Conseil-d'État, ingénieur en chef au Corps royal des Mines, inspecteur général des carrières, associé ordinaire de la Société royale et centrale d'agriculture.

*Terra enim ad quam ingrederis possidendam, non est sicut terra Ægypti de quâ existi, ubi jacto semine in hortorum morem aquæ ducuntur irriguæ : sed montuosa est et campestris, de cœlo expectans pluvias.*

DEUTERONOM. Cap. XI.



A PARIS,

DE L'IMPRIMERIE DE MADAME HUZARD (née VALLAT LA CHAPELLE).

FÉVRIER 1819.

SOCIÉTÉ ROYALE ET CENTRALE
D'AGRICULTURE.

## *Séance du Mercredi* 17 *février* 1819.

*Dabit pluviam terræ vestræ temporaneam et serotinam, ut colligatis frumentum et vinum et oleum, fœnumque ex agris ad pascenda jumenta et ut ipsi comedatis ac saturemini.*

MESSIEURS,

Chargés d'examiner le mémoire de M. *Jaubert de Passa* (1), sur les cours d'eau et les canaux d'arrosage des Pyrénées, nous ne craignons pas de trop dire en annonçant que son mémoire est le travail le plus complet que vous ayez encore reçu sur cette importante branche de notre industrie agricole, et qu'ainsi, c'est bien à tort que l'auteur, savant aussi modeste qu'érudit, craignant que son ouvrage ne fût pas digne de

(1) M. *Jaubert de Passa*, membre du Conseil de préfecture des Pyrénées-Orientales, est aussi recommandable par sa profonde érudition et ses vastes connaissances en différentes sciences, que par toutes les recherches auxquelles il s'est livré pour les antiquités de la France méridionale.

vous être présenté, avait prié Monsieur le Président de le regarder moins comme une réponse à votre appel, que comme les premiers élémens d'un mémoire à faire.

Sur ce point, Messieurs, et c'est le seul sur lequel nous différons d'opinion, nous ne partageons pas son avis ; car M. *Jaubert* ne s'est pas arrêté aux élémens : il l'a fait, ce mémoire, ou plutôt il a fait un manuel que vous pourrez indiquer comme le meilleur modèle à suivre; aussi, et à raison de tous les avantages que la Société devra en recueillir, nous aurons l'honneur :

1°. De vous représenter la proposition faite en la dernière séance, par M. le comte François-de-Neufchâteau, de nommer M. *Jaubert* votre associé correspondant;

2°. De vous demander pour lui la grande médaille d'or de la Société;

3°. De vous proposer de donner communication de son mémoire à Messieurs les commissaires du Roi chargés de la rédaction du projet de loi sur les cours d'eau;

Et 4°. de vous proposer de faire imprimer ce mémoire parmi ceux de la Société.

Pour nous, ce n'est pas sans crainte, Messieurs, que nous allons essayer de vous faire connaître le traité de M. *Jaubert;* car c'est l'ouvrage d'un maître dont vous nous demandez l'analyse, d'un maître profond, qui, après avoir posé les principes de la science, et en avoir successivement développé toute la théorie, l'a réduite en leçons pratiques pour la mettre à la portée de tous; c'est enfin, nous le répétons, un traité complet, un traité qui embrasse tout, qui dit tout, et qui cependant ne dit rien de trop, ainsi que vous allez, Messieurs, vous-mêmes en juger.

M. *Jaubert* a divisé son mémoire en cinq parties, savoir : 1°. le précis historique des cours d'eau, et du système d'irrigation des Pyrénées-Orientales;

2°. La construction des canaux, des digues et de leurs dépendances; à cette partie est jointe une planche dessinée par M. *Jaubert*, et retouchée par M. l'Ingénieur en chef du département : vous y verrez, et vous y admirerez, comme nous, la manière à-la-fois franche, sévère, vraie et naturelle avec laquelle les admirables sites des vallées profondes et pittoresques du Canigou (1) y sont rendus;

---

(1) Le Canigou, l'une des plus hautes montagnes des Pyrénées, est élevé de 2,781 mètres au-dessus de la mer, suivant le tableau des hauteurs principales du globe de l'Annuaire des longitudes, et de 2,809 mètres, d'après *Vidal* et *Reboul*. Dans le tableau des hauteurs des

3°. L'histoire générale et chronologique de tous les canaux d'arrosage des Pyrénées, avec une carte de l'ancien Roussillon, sur laquelle tous les canaux sont indiqués;

4°. Une description particulière et détaillée du canal de Perpignan, communément désigné sous le nom de *las Canals;*

Et 5°. les lois, usages et coutumes sur les cours d'eau.

## PREMIÈRE PARTIE.

### *Précis historique.*

Le système de l'irrigation, dans les Pyrénées-Orientales, est l'ouvrage du temps. Il est une sage application du droit romain à la nature du sol. Il a résisté aux révolutions et a traversé les siècles. Les lois usagères se sont gravées dans la mémoire des cultivateurs. Les autorités locales connaissent, décident et terminent tous leurs différens. Des mandataires révocables défendent avec zèle leur communauté, et le juge soumis à la coutume force la loi nouvelle à la respecter. Seulement on regrette que cette sage législation soit privée de la

---

Pyrénées, donné par *Dralet* (Description des Pyrénées), la cime du Mont-Perdu est à 3,401 mètres, et celle de la Maladetta, la plus élevée de toute la chaîne, est de 3,469.

cour supérieure qui recevait autrefois les appels, et dont les arrêts avaient force de loi.

La constitution physique des montagnes, leurs profondes vallées, leur direction, les révolutions qu'elles ont éprouvées, la composition de leur sol (1), le cours naturel des eaux, leur exhaussement par les orages et les fontes de neige, le barrage accidentel de leur lit, et le nouveau cours que leurs eaux ont ensuite adopté ; tels sont, suivant M. *Jaubert*, les principes et les véritables élémens de la science des canaux d'arrosage; ce n'est point tel ou tel peuple qui en a donné les premières notions, leur origine se perd dans la nuit des temps; l'homme n'a rien inventé à cet égard, il n'a fait qu'imiter la nature, et ses travaux ont eu d'admirables résultats.

Si les Romains ont trouvé chez les Étrusques les premières lois sur l'irrigation, les peuples de la Gaule Narbonnaise et de la Celtibérie avaient également leurs lois et leurs institutions lorsqu'ils furent conquis, et le droit romain puisa dans

(1) On trouvera dans l'excellente description des Pyrénées, par *Dralet* (2 vol. in-8°. 1813) une notice de tous les ouvrages à consulter, tant sous le rapport de l'économie politique, industrielle, rurale et forestière, que sous celui de la géologie et des différentes branches de l'histoire naturelle de ces montagnes.

leurs lois, comme dans celles de tous les peuples asservis, une partie de ses dispositions; aussi la législation romaine, sur les cours d'eau, est-elle la plus complète qu'on connaisse.

Les Wisigoths (1) et les Califes (2), venus après eux, ont laissé, dans nos provinces méridionales, divers monumens qui attestent leur séjour, leur culte et leur domination; ils conservèrent aux peuples vaincus leur religion, leurs institutions et leurs coutumes; ils y encouragèrent même l'arrosage, dont ils connaissaient et respectaient les lois. Ainsi c'est aux Wisigoths qu'est dû le code *Fuero-Jusgo;* comme le meilleur et le plus ancien traité d'irrigation est dû à l'Arabe *D. Abn-Zacaria*, plus connu sous le nom de *Ebn-al-*

---

(1) La domination des Wisigoths dura environ trois cents ans; ils avaient formé une monarchie réglée, dont Tolède était la capitale, et qui comprenait une partie de l'Espagne, de la Narbonnaise et de l'Aquitaine. Elle finit en 714, après la défaite de Rodrigue par les Sarrasins.

(2) Les Arabes ou Sarrasins, sous la conduite des Califes, s'emparèrent en moins de quatorze mois de tout le royaume de Rodrigue, dernier roi des Wisigoths. Le Roussillon fit partie de leur royaume de Tolède, pendant quarante-cinq ans, jusqu'à la prise de Narbonne par Pepin, en 759.

*Awam.* (1) De telles lois et de tels ouvrages prouvent à quel degré étaient portées, chez ces peuples, les connaissances théoriques et pratiques de l'arrosage.

Après les victoires de Pépin et de Charlemagne, la plupart des institutions anciennes furent changées, et le domaine des eaux, qui jusqu'alors avait toujours appartenu exclusivement au souverain, fut bientôt morcelé par de nombreuses concessions aux Comtes feudataires; mais des Chartes protectrices confirmèrent heureusement les institutions usagères, et les coutumes des eaux, qui servent encore aujourd'hui de règlement dans la pratique de l'irrigation.

## DEUXIÈME PARTIE.

### *Construction des canaux d'arrosage et de leurs dépendances.*

Un canal d'arrosage, dit M. *Jaubert*, est une

---

(1) Ebn-al-Awam, natif de Séville, vivait au XII$^e$. siècle. Il avait fait une étude particulière des Géoponiques. Son traité complet d'agriculture est divisé en trente livres, subdivisés en chapitres et articles nombreux. Il a été publié en arabe avec une traduction espagnole, par don *Joseph Bangueri*, par ordre et aux frais de S. M. C., sous le titre de *Libro di Agricultura, su autor el* D. Abn-Zacaria... Ebn-al-Awam. Madrid 1803, 2 vol. in-folio.

dérivation artificielle, opérée sur un cours d'eau naturel, en vertu d'une concession, que la coutume assujettit le concessionnaire à obtenir de gré à gré, ou d'après des formes déterminées par la manière d'être des montagnes, la pente du terrain, la distance des terres à arroser, celle des terres cultivées, enfin la largeur du lit des rivières (1). Ces causes modifient les principes

(1) Le département des Pyrénées-Orientales est un de ceux qui pratiquent le mieux l'irrigation. Les vallées y sont arrosées avec beaucoup d'art. L'irrigation paraît y avoir été portée au plus haut degré de perfection, et ne le céder en rien aux départemens de l'Isère, de la Drôme et de Vaucluse, où elle se fait avec le plus grand succès. Au reste, dans ces départemens, et dans ceux de tout le Midi, tels que l'Hérault, l'Aude, l'Arriége, les Hautes et Basses-Pyrénées, la Garonne, le Tarn, le Gard, la Corrèze, le Var, les Hautes et Basses-Alpes, les Alpes-Maritimes, etc., etc., les canaux d'arrosage sont également très-communs et très-bien entendus. Dans quelques-uns ils sont même si multipliés qu'on peut dire qu'on en trouve dans toutes les vallées, à toute hauteur, souvent dans les sites les plus sauvages ou les plus déserts, dans les flancs des rochers les plus escarpés, enfin par-tout, sur les montagnes, sur leurs pentes, dans les vallées, et parfois au milieu des précipices. Ces canaux sont généralement faits avec autant d'intelligence que d'économie, et si quelquefois ils présentent de grands travaux d'art, tels

d'après lesquels doivent être construites les digues, parce qu'on est d'abord obligé de calculer les obstacles, de prévoir les inconvéniens, et de concilier, autant que possible, les droits des propriétés voisines avec l'intérêt de l'agriculture; car aucune digue, quelque importante qu'elle soit, ne pouvant jamais *prévaloir* sur la conservation des propriétés riveraines qu'elle pourrait compromettre, on ne peut adopter indistinctement tel ou tel mode de construction, d'où est venue la distinction des digues fixes et des digues mobiles (1).

Les premières comprennent les digues en poutres, les digues en maçonnerie, les digues pavées et les digues ferrées; les secondes sont les digues à chevalet.

Les digues en poutres sont composées d'arbres ou poutres placés horizontalement en travers des ruisseaux, et entrés, par leurs extrémités, dans

---

que ceux de Perpignan, de Grenoble, de Crapone, etc., les dépenses faites à ce sujet sont des preuves de l'importance de l'irrigation et de sa nécessité pour des terrains que l'ardeur d'un soleil brûlant rendrait presque stériles.

(1) Nous regrettons de ne pouvoir donner ici la planche des digues que M. *Jaubert* a jointe à son mémoire; on la trouvera dans son traité des Cours d'eaux que la Société royale d'agriculture a décidé de faire imprimer à ses frais.

des encaissemens pratiqués dans les flancs des montagnes, ou contre des roches solides, et retenues entre elles par des pièces transversales avec des clous ou des chevilles en bois. Lorsque les vallées sont trop larges, on soutient, avec des supports de fer (1), un encaissement de grosses planches, dont le fond, chargé de gazon, forme le canal, souvent suspendu au-dessus des plus profonds abîmes, autour de rochers à-pic qu'on n'a pu percer.

Les digues en maçonnerie sont très-rares; ce sont des murailles d'une hauteur et d'une épaisseur plus ou moins considérables, suivant la profondeur des torrens, leur largeur et la rapidité de leurs eaux (2).

---

(1) Dans la vallée du grand Buech, qui descend du col de la Croix-Haute dans les Hautes-Alpes, nous avons vu des barres de fer enfoncées, à de grandes hauteurs, dans les flancs escarpés et à pic des montagnes, et qui y avaient été plantées, suivant les habitans, par les Sarrasins, pour soutenir des canaux d'arrosage détruits postérieurement dans les guerres civiles.

(2) Les digues en maçonnerie des Pyrénées-Orientales nous en rappellent une des plus remarquables en ce genre, celle que les habitans du village de Caromb, entre Carpentras et Avignon, département de Vancluse, firent construire à leurs frais, en 1762, pour recueillir sur le haut de la montagne du Patis, les eaux du Lauron, qu'ils

Les digues pavées se font dans les vallées de grande largeur, au moyen de pieux enfoncés en échiquier, et liés ensemble, 1°. par des traverses soutenues, suivant le besoin, par une seconde ou par plusieurs rangées de pieux; et 2°. par des poutrelles qui réunissent les deux extrêmes en s'appuyant sur la rangée du milieu. Toutes les cases de cet encaissement sont ensuite remplies avec soin de pierres et de cailloux bien tassés, et recouverts par un pavé solide, fait en plan incliné en amont et en aval.

Les digues ferrées sont en usage lorsqu'on n'a point de pierres à sa disposition; elles se font avec des pièces de bois ferrées, enfoncées à une grande profondeur, et soutenues par plusieurs rangées de pieux ou de piquets qu'on garnit ensuite de débris et de fascines, recouverts de sable et de terre ou de gazon.

Les digues mobiles à chevalet sont très-simples, peu dispendieuses, et faciles à transporter lorsque les torrens changent de direction; elles se font avec des troncs d'arbres de deux à trois mètres, soutenus à leur extrémité d'aval par deux pieds

---

voulurent faire servir à l'irrigation de leur commune. Cette digue de Caromb a 50 mètres de hauteur, 80 de longueur et 8 d'épaisseur.

solidement assemblés, tandis que l'autre bout est couché et s'enfonce dans le lit du ruisseau. Tous les chevalets sont liés ensemble par des perches, et le tout garni avec des fascines et des piquets à crosse, et recouvert de sable et de gazon.

La construction des canaux dépend, comme celle des digues, de diverses circonstances locales (1).

---

(1) Ne pouvant entrer ici dans les détails de la construction des canaux d'arrosage, nous croyons devoir indiquer les ouvrages qui peuvent et qui doivent être consultés.

1°. Traité de l'irrigation des prés, par *Bertrand*, pasteur d'Orbe, 1801.

2°. Traité général de l'irrigation, de *William Tatham*, traduit de l'anglais, 1803.

3°. Lettre et Mémoire de M. *de Chassiron*, sur les desséchemens des marais, an IX-1801.

4°. Traité des prairies artificielles, par *Cretté Palluel*, 1801.

5°. Mémoire sur l'utilité des Desséchemens, par *Cretté Palluel*, 1802.

6°. De la législation des Desséchemens, par *de Chassiron*, an X-1802.

7°. Traité général des Prairies et de leur irrigation, par *Ch. d'Ourches*, 1806.

8°. Réservoirs artificiels pour l'arrosage des terrains qui manquent d'eaux courantes, par *Hyacinthe Carrena*. Juin 1811.

9°. Dictionnaire d'Agriculture, de *Rozier. Irrigation.*

L'économie et l'intérêt général doivent toujours être pris en considération; mais la nature du terrain et les difficultés que présente la configuration des lieux obligent souvent de s'écarter des bases adoptées. Au reste, si la hauteur du terroir à arroser prescrit le lieu de la prise d'eau, la pente à donner au canal devra être d'autant plus grande qu'on aura moins de largeur à sa disposition.

La répartition des eaux entre chaque membre de la communauté, soit qu'elle s'effectue par de grandes dérivations, soit qu'elle se fasse par de fréquentes saignées, est l'opération la plus difficile : elle se fait au moyen d'ouvertures circulaires pratiquées dans des pierres placées verticalement sur le bord du canal. Chaque branche se subdivise ensuite suivant les droits de chacun, et les usages des communautés.

On évalue communément le volume d'eau d'un canal par *meule*. Les titres les plus anciens ont

---

10°. Nouveau Dictionnaire d'Agriculture, *Irrigation*, par *de Perthuis*.

11°. Mémoires de la Société royale d'Agriculture.

12°. Cours d'agriculture anglaise, par *Ch. Pictet*.

13°. Essais sur la législation et les règlemens nécessaires aux cours d'eaux et rivières non navigables et flottables, ou qui ne sont pas domaines publics, par M. *de Chassiron*, in-8°. 1818.

consacré cette unité de mesure, qui est si bien connue des syndics et praticiens, qu'ils prononcent sans hésiter, au simple aspect d'un cours d'eau, qu'il y coule trois, six, dix *meules*, et que rarement ils diffèrent entre eux. On appelle *meule* le volume d'eau nécessaire pour mettre en mouvement un moulin à farine, et *œil* le diamètre de l'ouverture par laquelle passe ce volume d'eau ; mais ces mesures ont éprouvé des variations à diverses époques, et n'ont jamais été déterminées bien rigoureusement, puisque, 1°. un privilége de Jacques, roi de Mayorque, en faveur de la ville de Perpignan, du 5 novembre 1341, lui accorde un *demi-œil* ou *demi-meule d'eau* à prendre sur le canal de Thuyr, et que le cercle tracé (*en encre rouge, comme le texte de l'acte*) est de 131 millimètres (4 p. 10 l.) de diamètre, ce qui donnerait 9 pouces 8 lignes de diamètre pour l'œil;

2°. Que le 1er. mars 1456, une concession fut faite aux habitans de Cabestanni (1), d'un œil

(1) Les dénominations de Capestang, Cabestan, Cabestani, se retrouvent dans plusieurs vallées des Alpes et des Pyrénées; on les fait dériver des mots latins *caput stagni*, tête de l'étang ou du lac, et l'on voit en effet que ces noms ont été donnés à des habitations, des hameaux et des villages situés à la tête d'anciens lacs, d'étangs ou de pays noyés et depuis desséchés.

ou meule d'eau à prendre au ruisseau de Perpignan, et que les procès-verbaux de vérification qui ont maintenu la jouissance, ont fixé cet œil au diamètre de 7p. (0,m190);

3o. Que le 17 mars 1438, une concession d'une meule et demie d'eau fut faite aux habitans de Soler, et que l'ordonnance de 1739 décide qu'elle sera mesurée par trois œils de 7p., tandis qu'un dernier procès-verbal décide que la prise d'eau s'opérera par deux œils, l'un de 9 pouces et l'autre de 6 pouces 5 lignes;

4o. Que le 13 fevrier 1495, il fut fait une concession d'un œil d'eau de 7p. contenant demi-meule d'eau, suffisante pour l'arrosage de 30 ayminates ou 18 hectares;

Et 5o. Que le 6 juin 1737, le commissaire-visiteur de l'intendance, au sujet d'une concession d'une meule d'eau faite, le 15 décembre 1400, à la communauté de Thuyr, ordonna de construire un œil de 9 pouces (0,244), qui est le diamètre statué pour une meule.

## TROISIÈME PARTIE.

### *Description des canaux d'arrosage des Pyrénées-Orientales.*

La troisième partie du mémoire de M. *Jaubert* est consacrée à la description de plus de quarante canaux de l'ancien Roussillon, classés dans leur ordre chronologique d'après les recherches immenses que cet auteur a faites dans les archives du pays.

Le plus ancien dont il fasse mention, est celui du Vernet en Conflent, qui, soumis au régime du code wisigothique, fut vendu, l'an 863, le 5 des ides de Mars, par Amantius et Candeainus à Andesindus (1), évêque d'Elne.

En passant successivement en revue tous les canaux, suivant leur ordre de date, et en citant les archives, les dépôts et les divers ouvrages où il a puisé, M. *Jaubert* ne s'est pas simplement borné à donner la date de la construction, les dimensions et le volume d'eau de chacun, la quantité de terrain arrosée, la dépense, le produit, etc., et il y a encore joint des détails historiques et statistiques qui rendent son travail infiniment précieux et en font le meilleur modèle qu'on puisse suivre. Ses descriptions, souvent pittoresques, sont aussi variées que les sites des vallées qu'il parcourt, et nous pouvons assurer que l'anti-

(1) Ne serait-ce pas plutôt *Audefindus?* En 876, il existait à Elne une famille d'Audefinde, ainsi qu'il appert par une sentence donnée en cette année par Isambert, lieutenant de Berhard, comte de Roussillon, entre un individu de cette famille et le procureur dudit comte.

quaire, le naturaliste et l'agriculteur y trouveront également de quoi satisfaire leur curiosité.

Cette troisième partie est terminée par des recherches sur divers canaux, dont la confection, très-ancienne, est aujourd'hui ignorée et se perd dans la nuit des temps (1).

## QUATRIÈME PARTIE.

### *Ruisseau de las Canals.*

L'histoire du canal de Perpignan, communément désigné sous le nom de las Canals, forme la quatrième partie. *Décrire un de nos canaux,* dit à son sujet M. *Jaubert, c'est à peu de chose près tracer l'historique de tous.*

On ignore la date de l'établissement de ce canal, qui existait déjà en 1172. Le code coutumier, les archives de l'hôtel-de-ville, celles de l'intendance et des domaines, font mention d'un grand canal qui arrosait la plaine qui sépare Perpignan des montagnes ; en 1400, ce canal était connu sous le nom de *Rech major* ou *Sequia Real de Thoyr.* C'est particulièrement aux comtes de Roussillon,

(1) Nous ne pouvons douter que plusieurs de ces canaux n'aient été construits avant la conquête de la Gaule Narbonnaise et de la Septimanie, dans lesquelles les Romains trouvèrent l'irrigation pratiquée avec autant de succès que d'intelligence.

et au séjour des premiers rois de Mayorque dans le château de Perpignan, que l'arrosage dut son entier développement et les chartes précieuses qui en assurèrent la prospérité.

Ne pouvant suivre notre auteur dans les recherches qu'il a faites de tous les actes, sentences, arrêts, ordonnances et règlemens relatifs à la conservation et à la police d'un canal dont dépendaient non-seulement les produits agricoles de toute la plaine de Perpignan, mais encore le service de la citadelle, l'entretien des fontaines, la propreté de la ville et la salubrité de l'air, nous nous bornerons à analyser les pièces les plus importantes, qui établissent que c'est en vertu de l'ordonnance du roi Dom Jayme (Jacques), du 5 novembre 1341, que les consuls de Perpignan intervinrent pour la première fois dans la législation des eaux;

Que c'est aux lettres-patentes de la reine Marie, régente du royaume en l'absence du roi Dom-Alonzo, que le canal *Sequia de Tohyr* prit le nom de ruisseau de Perpignan, *Rech de Perpignan*;

Que le 29 août 1488, le roi Charles VIII, en autorisant les consuls à réparer ce canal, fit l'abandon à la communauté de ses droits, tant sur les six moulins que sur le canal, sous la réserve des eaux nécessaires à la ville, citadelle et château, accordant toute juridiction aux consuls, à charge d'entretien et d'une censive de dix livres catalanes;

Que ces dispositions ayant été confirmées par les lettres-patentes de Ferdinand, roi d'Aragon, des 10 septembre 1504 et 18 août 1510, ce canal cessa d'être domanial et devint la propriété particulière de la ville, qui le fit administrer par ses consuls et par l'intermédiaire d'agens de police chargés d'inspecter son cours ;

Que le droit de concéder l'eau était dévolu aux consuls; qu'ils en usèrent d'abord avec sagesse et seulement pour encourager l'industrie agricole et lui donner de plus grands développemens ;

Qu'en 1676, les consuls se firent autoriser à arroser gratuitement leurs terres;

Que peu-à-peu le crédit et la faveur s'étant fait faire des concessions, bientôt les abus se multiplièrent ;

Que ce fut en vain que les arrêts de 1721 et 1725 essayèrent de les réformer, et que le mal allait toujours croissant, quand enfin intervint l'ordonnance de l'Intendant Orry, du 19 janvier 1728, qui fut suivie de l'arrêt du Conseil d'État, du 30 décembre même année, pour la visite du canal, le dépôt et l'examen de tous les titres, ensuite desquels il fut reconnu que le canal ne devait que 19 œils légalement autorisés sur tout son cours ;

Qu'en 1749, les consuls de la ville jugèrent convenable de faire réparer les bancals (banquettes) et sous-bancals (berges ou talus), et ordonnèrent que toutes les rigoles latérales d'arrosage seraient construites à une toise;

Que malgré toutes les ordonnances, de nouveaux abus s'introduisirent peu-à-peu, et que les œils se multiplièrent au point que la ville et la citadelle ayant été menacées d'être privées de deux meules d'eau qui leur avaient été assurées, une nouvelle visite fut ordonnée, et qu'on reconnut que 90 œils avaient été construits sans titre, que leur multiplicité épuisait les eaux, et que des barrages illicites changeaient le niveau et la force du courant.

C'est à cette dernière visite qu'est due l'ordonnance du 5 mai 1787, confirmant les anciens règlemens, et portant :

Art. 1er. Suppression de tous les œils, boutards et prises d'eau dont les titres n'auraient pas été vérifiés l'an 1729.

2°. Amende de 100 livres contre tout individu qui arrosera sans titre.

3°. Fermeture en maçonnerie, dans l'espace de trois jours, des œils illégalement construits.

4°. Obligation de réparer les œils et de les pratiquer dans une pierre verticale, rasant l'intérieur des *francs-bords* du canal, lesdits œils devant être placés au milieu de 4 toises de maçonnerie ayant 16 pouces d'épaisseur.

5°. Obligation de placer la pierre verticale de l'œil sur une seconde pierre de taille, qui servira de témoin pour fixer le sol du ruisseau.

6°. Construction d'un pavé en briques de 2 toises en amont et 2 toises en aval de l'œil, lequel pavé sera protégé par un autre en pierres tassées à la hauteur du témoin.

7°. Obligation de réparer les œils, huit jours après le nivellement.

8°. Manière de placer les témoins pour fixer le sol du canal.

9°. Exécutoire rendu par le syndic de ville contre le concessionnaire négligent.

10°. Permission de créer dans chaque terroir un bannier chargé de surveiller la dérivation du grand canal, avec réserve par les consuls de statuer sur les procès-verbaux des banniers.

11°. Distribution des eaux entre les diverses communautés, avec réserve de *deux meules d'eau* pour la ville et citadelle de Perpignan.

12°. Amende de 20 livres contre les contrevenans.

13°. Construction de vannes fermant à clef devant chaque œil, et dont l'ouverture n'aura lieu qu'aux heures fixées pour la distribution.

14°. Amende de 100 livres contre les dégradations des bancals et les barrages illicites.

Il est facile de pressentir les abus qui dûrent se renouveler à la faveur de la révolution ; ils étaient au comble quand le Préfet Martin, par son arrêté du 12 germinal an 13 (1), prescrivit l'exécution rigoureuse de l'arrêt de 1729, concernant la régie et la police du ruisseau de las Canals, ordonna la confection du plan général du canal sur une grande échelle, et la vérification de tous les œils, fit faire un devis des travaux à la charge de la ville, des fermiers et des usagers, et subordonnant enfin la police du canal à la nouvelle législation, décida :

1°. Que les affaires, jusqu'alors du ressort des anciens consuls, seront portées par-devant le préfet, pour les contraventions signalées par les banniers au garde général ;

2°. Par-devant le conseil de préfecture pour les surtaxes ;

3°. Par-devant les tribunaux pour les usurpations et autres questions de propriété ;

Et 4°. que la ville, et pour elle le fermier, se conformant à l'avenir à l'ancien tarif des indemnités

---

(1) Nous regrettons de ne pas avoir trouvé cet arrêté dans le travail de M. *Jaubert*.

en nature (en adoptant cependant le système métrique), percevront $\frac{1}{3}$ en sus du tarif fixé par l'arrêt du Conseil, du 13 mars 1725.

Ces sages dispositions frustraient trop d'intérêts pour pouvoir être exécutées promptement : elles exigeaient d'ailleurs le concours de trop d'individus pour ne pas éprouver de retards ; mais le temps et la constance de l'autorité ont surmonté toutes les difficultés, le plan général ordonné est confectionné avec tous ses accessoires, le procès-verbal de visite a fixé les droits des usages, enfin tous les travaux sont aujourd'hui terminés.

La description du ruisseau de las Canals est suivie d'une série de tableaux présentant les résultats de ces grandes et importantes opérations, dont voici la récapitulation.

| Noms des Communes arrosées. | Pente du Canal. | Longueur | Nombre d'œils. | Arpens métriqu. | Jours d'arrosag | Durée de l'arrosage. |
|---|---|---|---|---|---|---|
| Ille, Néfiach et Millas. | t. p. p. l. 8 2 10 3 | toises. 4317 | 14 | hec. a. 630 73 | dimanch. | de 5 heures du matin jusqu'à la même heure du lundi. |
| | | | | | lundi. | de 5 heures du matin jusqu'à la même heure du mardi. |
| St.-Féliu d'amont. | 2 4 8 6 | 525 | 2 | 67 05 | mardi. | depuis 5 heures du matin jusqu'à midi du mercredi. |
| St.-Féliu d'aval. | » 7 10 » | 420 | 4 | 520 65 | | |
| du Soler et du Thuyr. | 13 1 7 2 | 2634 | 11 | 489 57 | mercredi | depuis midi jusqu'à la même heure du jeudi. |
| | | | | | jeudi. | depuis midi jusqu'à 5 heures du matin du vendredi. |
| Canohès et Toulouges | 10 3 5 10 | 2060 | 19 | 679 85 | vendredi | de 5 heures du matin jusqu'à 5 heures du samedi. |
| Terroir de Perpignan, ville et citadelle. | 9 2 10 4 | 4108 | 31 | 518 05 | samedi. | de 5 heures du matin jusqu'à 5 heures du dimanche. |
| | | | | | tous les j. | deux meules d'eau. |
| | 45 5 4 2 | 14064 | 81 | 2905 90 | | |

*N. B.* Nous avons dû conserver dans ce tableau les anciennes mesures dont s'est servi M. *Jaubert*, afin d'éviter les différences qu'auraient infailliblement présentées les nouvelles mesures.

*Administration du canal de Perpignan.*

Le ruisseau ou canal de Perpignan, ainsi qu'on l'a vu plus haut, fut long-temps en régie.

Il est aujourd'hui affermé en vertu de l'arrêt du Conseil d'État du 13 mars 1725, par un ou plusieurs baux, moyennant une somme fixe annuelle, et sous les conditions ordinaires dans l'administration des biens communaux.

La police du ruisseau appartient à un garde général qui a sous ses ordres les banniers ou distributeurs d'eau établis par chaque communauté usagère, ou par l'adjudicataire du ruisseau.

Toutes les contraventions sont constatées par procès-verbal que le maire transmet à l'autorité compétente.

Les travaux d'entretien et de réparation sont à la charge du fermier. La ville s'est réservé le droit de le contraindre en cas de retard. Toutes les dégradations, de quelque espèce qu'elles soient, sur les digues, bancals, francs-bords, œils, échaux (déversoirs), etc., sont à la charge de celui qui les a commises. Les règlemens prescrivent le mode de poursuite et le montant des amendes encourues.

La distribution des eaux s'opère en vertu de l'ordonnance de partage de 1728, et par l'intermédiaire du fermier. Les communautés peuvent se faire représenter par leurs banniers.

La perception des taxes et des indemnités en nature est à la charge du fermier; il traite en particulier avec les usagers, conformément au tarif du 12 germinal an XIII, et fournit des reçus partiels ou pour solde. En cas de refus, la plainte est portée devant le juge de paix, et, s'il y a lieu, devant le tribunal.

Pour ne rien laisser à désirer sur l'histoire du canal de Perpignan, M. *Jaubert* a joint à sa description un tableau (qu'on nous saura gré d'avoir conservé) des indemnités, amendes et droits d'arrosage affermés en faveur de la ville, en vertu de l'article 1er. de l'arrêt du Conseil d'État du 13 mars 1725.

| Articles de l'arrêt du Conseil d'État. | Articles. | INDICATION des causes produisant indemnité. | Taxe ancienne | Taxe annuelle avec le tiers en sus. | |
|---|---|---|---|---|---|
| | | | | fr. c. | |
| | 1 | Terres semées en blé, méteil, seigle. | 1 | » » | 2 décalit. 60 ares. |
| | 2 | *Id.* en orge, millet et avoine. | 2 | » » | 4 par 60. |
| | 3 | Prés, trèfles, luzernes et autres fourrages. | 20 | 1 30 | par 60. |
| | 4 | OEil ou prise d'eau, en vertu d'une autorisation conforme au présent règlement, lors de l'établissement et sans préjudice du droit d'arrosage par la suite. | ... ... | » 75 | par are. |
| | 5 | Jouissance momentanée de l'eau. | ...... | » 10 | par are. |
| | 6 | Arroser sans titre, ni permission, avant l'avertissement du garde gén. | 100 | 131 68 | |
| 3 et 5 | 7 | *Id.* après injonction du contraire. | 20 | 26 33 | par 60 ares. |
| 6 | 8 | Faire coupure aux francs-bords. | 100 | 131 68 | |
| 8 | 9 | Négligé de réparer les écluses ou œils, après la sommation du garde. | 20 | 26 33 | par jour de retard. |
| 9 | 10 | Faire des rigoles à moins d'une toise de talus des francs-bords. | 100 | 131 68 | |
| | 11 | Prendre l'eau hors l'heure et le jour déterminés. | 20 | 26 33 | |
| 10 | 12 | Ne pas fermer les œils après l'arrosage. | 20 | 26 33 | |
| 10<br>11 | 13 | Négliger de nettoyer les rigoles. | 20 | 26 33 | |
| 11 | 14 | S'y refuser après somm. | 20 | 26 33 | |
| 12, 13 et 14 | 15 | Donner l'eau aux voisins sans suivre le règlement | 20 | 26 33 | |
| 17 | 16 | *Dépaissance* prohibée et exercée sur les francs-bords. | 100 | 131 68 | avec confiscation de bestiaux. |
| 18 | 17 | *Dépaissance* permise, mais non suivie de la réparation des dégradations occasionnées outre les droits de pacage. | 100 | 131 60 | avec confiscation des chèvres, boucs et châtrés. |
| | 18 | Simple passage des bestiaux à travers le ruisseau ailleurs qu'aux passages assignés. | 100 | 131 68 | |

*Observations.*

Depuis le grand travail fait le 10 octobre 1816, en suite de l'arrêté du Préfet Martin, le canal de Perpignan a encore été prolongé de 212 toises (414 mètres) de longueur sur 2 toises de pente. Ainsi sa longueur totale est aujourd'hui de 14,478 toises, sur 47 toises 5 pieds 4 pouces 2 lign. de pente, ce qui est à-peu-près une toise de pente pour 300 toises de longueur, ou 1 pied pour 50 toises, ou enfin 3 lignes par toise.

Si on compare le ruisseau de las Canals avec le cours de la Let, qui est de 15,462 toises depuis la digue du ruisseau jusqu'au pont de Saint-Pierre, du faubourg de Perpignan, on voit que la différence de longueur entre le ruisseau et la rivière n'est que de 984 toises, et en suivant ces mêmes données on trouve que la Let a une pente générale de 60 toises 1 pied 7 pouces 2 lignes, ce qui est un peu moins de 3 lignes $\frac{1}{2}$ de pente par toise, ou environ 1 toise de pente pour 257 de longueur.

Sans parler de deux grandes routes, de quinze chemins vicinaux et de vingt chemins ruraux qui traversent le ruisseau de las Canals, on distingue en travaux d'art :

1°. Plusieurs grands barrages établis sur les torrens;

2°. Plusieurs ponts, aquéducs, parmi lesquels en est un de 70 mètres sur le torrent de las Camellas, et un de 25 mètres sur celui de grand Ganell ;

3°. Une galerie souterraine qui perce deux collines sur un développement de 374 mètres (190 toises) ; ces deux collines sont en outre réunies par un beau pont aquéduc de 21 arches sur une longueur de 310 mètres (159 toises), avec deux chaussées de 85 mètres chacune à chaque extrémité ;

4°. Deux aquéducs construits dans les fossés de la ville ou de la citadelle.

5°. Dix-sept aquéducs de moindres dimensions, servant à recueillir les eaux perdues, et à ménager les pentes du canal ;

6°. Huit grands ponts en bois ;

7°. Vingt-un ponts en pierre ;

8°. Enfin, treize rigoles ou canaux de dessèchement qui versent leurs eaux dans le canal.

Nous ne terminerons point l'examen de la description de ce canal sans rapporter une observation importante de M. *Jaubert*, sur les travaux du devis du 10 octobre 1816.

L'ordonnance du 20 décembre 1729 n'avait maintenu, après la vérification générale des titres des usagers, que dix-neuf œils, et en avait réformé soixante-douze dont la fermeture fut ordonnée.

Cette mesure sévère fut renouvelée en 1737 et 1787, mais toujours sans succès. La révolution survint, les biens des émigrés furent aliénés; et, par le fait des actes publics et irrévocables de leur vente, les prises d'eau arbitraires ou illégales se trouvèrent tout d'un coup légitimées, puisque le gouvernement vendit des propriétés arrosées à des acquéreurs qui devinrent alors usagers, non-seulement de l'œil qui avait été contesté à leurs prédécesseurs, mais encore des rigoles et saignées qui leur apportaient les eaux. La nouvelle vérification a donc été obligée de reconnaître ces usages, dont l'arrêté du Préfet Martin avait éludé la difficulté, et le devis du 10 octobre 1816, qui a constaté les droits acquis par la vente des biens nationaux, a réglé définitivement tous les intérêts en fixant à quatre-vingt-un le nombre d'œils sur toute la longueur du canal, et en déterminant l'emplacement de chacun avec la maçonnerie qui doit en garantir la conservation; mais il résulte aussi de l'homologation de tous ces œils, que la ville et la citadelle, qui étaient en droit d'exiger deux meules d'eau par jour, et qui ne peuvent plus les obtenir, réclament contre ces dernières opérations, et demandent l'exécution de l'inféodation de 1488, et des chartes postérieures qui avaient maintenu leurs droits.

## CINQUIÈME PARTIE.

### *Lois et usages sur les cours d'eau.*

La cinquième partie de l'ouvrage de M. *Jaubert,* sur les lois et usages, est divisée en plusieurs paragraphes que nous allons rapidement parcourir.

Le premier est entièrement consacré à l'examen des lois et usages sur les cours d'eau. Ces lois et usages ne sont que les principes du droit romain, modifiés suivant la nature du sol et le génie des peuples.

Après avoir posé ce principe incontestable du droit naturel, *que les eaux, de même que l'air, sont des choses communes, parce que la nature veut avant tout que les premiers besoins de la vie soient satisfaits* (1), il examine celui du droit des gens, qui établit, comme première base sociale, la *propriété,* laquelle, s'il s'agit de cours d'eau, est *propriété publique,* lorsque la rivière ou le fleuve ne peut être retiré de l'usage commun sans nuire aux intérêts généraux de tout un peuple, ou *propriété privée*, si l'utilité du cours d'eau n'intéresse que les riverains.

Passant ensuite à l'application de ces principes,

---

(1) *Aqua ad lavandum et potandum jure naturali omnibus hominibus est concessa.*

M. *Jaubert* dit que la loi romaine avait placé les choses *publiques* ou *communes* (telles que les eaux publiques) sous la protection immédiate du Prince ou du Sénat, et que par conséquent leur administration supérieure appartenait au prince, non comme un domaine, mais comme une régie que la loi lui avait confiée pour veiller aux intérêts de tous, d'où il résultait :

1°. Que ses lois réglementaires étaient obligatoires jusqu'à ce que le prince les eût modifiées ou abrogées;

2°. Que les dérivations, du moment que le prince les avait autorisées, étaient distraites de la *chose publique*, et devenaient pour les concessionnaires *propriétés privées*, mais qu'à cet égard, et dans l'intérêt général, le consentement de la communauté devait précéder celui du Prince;

3°. Que les premiers ou anciens concessionnaires sur un cours d'eau avaient toujours la préférence sur les nouveaux, en cas de disette d'eau, et que l'excédant leur appartenait de droit, à moins que le domaine n'en disposât;

4°. Que le souverain ne pouvait exercer aucune régie sur tout canal ouvert par des particuliers recevant d'un cours d'eau public, une dérivation concédée, qui devenait dès-lors une propriété particulière, et que c'était aux lois usagères à administrer et à protéger les droits de chacun.

D'où il suit que tous les canaux d'irrigation sont des cours d'eaux privées ; que la loi reconnaît telles, les sources, les fontaines et toutes les rivières non navigables, ou le ruisseau dont le volume n'est point constant ; que chacun peut en disposer pour ses besoins, mais que l'excédant appartient, de droit, au domaine public.

Ces principes du droit romain bien établis, M. *Jaubert* passe à l'examen des lois wisigothiques qui, sous le règne de Sisenand, l'an 634 (1), furent réunies en un code appelé *Fuero-Jusgo*. Ce code, qui triompha du droit romain (*prohibemus ad negotiorum discussionem, usum legum romanarum*), changea la législation des *eaux publiques* ou domaniales ; mais les coutumes des eaux privées furent maintenues.

Sous la domination des Califes, les lois et coutumes furent conservées.

Elles furent également respectées par Pepin, après qu'il eut repoussé les Sarrasins de la Septimanie ; et l'an 930, le comte Gaubert les suivait encore dans ses donations, *secundum legem gothicam*.

---

(1) Sisenand était le second fils de Suintila ou Chintila Ier. Il fut élu roi en 631 par les Wisigoths, qui ne voulurent pas reconnaître l'hérédité légitime de la couronne que Suintila avait établie en faveur de son fils aîné.

Cet ancien code, si long-temps et si religieusement conservé, ne pouvant plus être appliqué, après l'établissement des fiefs et des arrière-fiefs, finit par tomber en désuétude. L'ignorance de l'écriture, dans les siècles de barbarie, hâta sa perte, et les peuples de ces contrées repassèrent alors des lois écrites aux usages non écrits, jusqu'à ce que le comte Gérard II, en 1162, réunit les coutumes en un seul code, sous le nom de *Coutume de Perpignan.*

Sous la domination de Louis XI et de Charles VIII ces priviléges et coutumes des cours d'eau furent maintenus et consacrés comme loi, par un article spécial de la capitulation de Perpignan, *y aquellas perpetualment tiendran y servaran.* Ferdinand-le-Catholique, rentrant dans la possession du Roussillon, les confirma de nouveau, et les fit recueillir par les Cortez, en 1599, dans les lois ou constitutions de Catalogne, en ordonnant que, dans le silence de ces lois fondamentales, on recourût au droit canonique ou au droit romain.

Depuis ce temps, et jusqu'à la révolution, ces lois ont été les seules observées, malgré les changemens de gouvernement et de souverains, quoiqu'on admît les ordonnances générales du royaume, qui prenaient le premier rang dans tous les points d'ordre public et de police générale, dans le silence des coutumes.

Les lois de 1790 et 1791, en changeant la jurisprudence en matière des cours d'eau, menacèrent le département des Pyrénées-Orientales de la subversion de ses droits : l'article 644 du code civil vint encore augmenter sa perplexité; mais l'art. 645, qui est dû, suivant M. *Jaubert*, à M. Louis Ribes, jurisconsulte catalan, appelé à donner des éclaircissemens sur cette matière, a heureusement maintenu et protégé les règlemens particuliers et locaux sur les cours d'eau.

Nous regrettons de ne pouvoir suivre M. *Jaubert* dans tous les développemens qu'il donne dans son second paragraphe sur les coutumes; sa marche est si rapide, et cependant son travail est si complet, que nous craindrions de l'affaiblir, en voulant en présenter l'analyse. Nous nous contenterons donc de dire qu'il a compris et réuni tous les motifs de cette importante matière, et qu'ainsi il a successivement examiné la propriété des eaux publiques, leurs concessions, l'exécution et l'ouverture des canaux, les sources, les eaux perdues, les infiltrations, les droits et les charges des propriétaires, l'usage des eaux privées, leur partage, la durée de l'arrosage, sa mesure, etc.; enfin, que tout est également prévu, que tout est décrit avec le plus grand soin, et qu'il n'est aucune question ou aucune difficulté qui n'aient été approfondies.

La police des eaux suit l'examen des coutumes; on trouve dans ce troisième paragraphe, 1°. les devoirs et les fonctions des agens aujourd'hui chargés par l'autorité de la surveillance des canaux, en remplacement des syndics et procureurs royaux et fiscaux, qui avaient, en 1276, succédé aux commissaires du domaine; 2°. la manière de constater les délits; 3°. les amendes; et 4°. la destination de celles-ci.

Enfin, les règlemens pour l'entretien et la réparation des canaux sont exposés dans le quatrième paragraphe : ces règlemens sont dus à Philippe II. Ils composent divers statuts approuvés par les états de Montson, l'an 1585. Ces statuts portent en substance : 1°. que les syndics, quoique mandataires révocables, peuvent, en vertu de leur mandat, ordonner tous les travaux d'entretien reconnus nécessaires; 2°. que la simple publicité de leur demande lie tous les usagers, etc.; 3°. que les sommes votées par eux doivent se percevoir sans délai, sauf à recueillir plus tard les réclamations contre les surtaxes ou le mode de perception; mais l'usage a depuis modifié la loi, et il a décidé que les syndics n'ont que le droit de proposer une taxe, et que l'administrateur, s'il le juge convenable, l'approuve par une ordonnance et rend le rôle exécutoire. Par cette marche simple et régulière, les co-usagers sont mis à l'abri d'une surprise; l'autorité ne perd jamais de vue les opérations des syndics, et l'entretien des canaux s'effectue avec ordre, avec célérité et sans intermédiaires.

*Conclusions.*

Telle est, Messieurs, l'analyse du mémoire de M. *Jaubert*. Nous l'avons suivi avec le plus grand soin, nous l'avons étudié dans tous ses détails, nous n'avons rien négligé de ce qui pouvait attirer votre attention; mais, ainsi que nous l'avons dit en commençant, nous craignons cependant de n'avoir pu remplir la commission dont vous nous aviez chargés, et de n'avoir pu vous faire apprécier tout le mérite et toute la valeur de l'excellente histoire des coutumes des cours d'eau des Pyrénées-Orientales, de ces coutumes, l'ouvrage de dix-neuf siècles et de neuf dominations différentes qui les ont successivement données, maintenues et respectées, les plus hautes considérations leur en ayant démontré l'extrême importance.

Ici, Messieurs, devrait naturellement se terminer notre tâche, en vous réitérant nos demandes, 1°. de la grande médaille d'or en faveur de M. *Jaubert de Passa;* 2°. de son admission comme associé correspondant ; 3°. de la communication de son ouvrage à Messieurs les commissaires du Roi chargés de la rédaction du projet de loi sur les cours d'eau ; et 4°. de l'impression dans les mémoires de la Société. Cependant, nous croyons ne pouvoir finir notre rapport sans vous faire connaître les réflexions par lesquelles M. *Jaubert* a lui-même terminé son ouvrage. C'est lui que nous laisserons parler : il est Conseiller de préfecture ; il a souvent vu et jugé de grandes questions sur les cours d'eau ; son opinion doit donc être d'un grand poids dans une matière qu'il a si bien approfondie.

*Réflexions de M.* Jaubert de Passa, *conseiller de préfecture du département des Pyrénées-Orientales, sur le régime administratif aujourd'hui suivi pour les cours d'eaux.*

C'est peut-être ici le cas de comparer à la coutume cette loi moderne vers laquelle on nous ramène chaque jour, et dont l'application est si imprudente.... On l'invoque dans toutes les affaires domaniales.... On veut que ses immuables dispositions régissent des cours d'eau dont le caractère principal est de varier sans cesse.... On lui fait dicter des arrêts, et le cultivateur, fatigué de cette nouvelle législation, effrayé des dépenses qu'elle entraîne, redoute, plus qu'il n'invoque, l'intermédiaire de l'autorité.

Nous avons déjà vu que la coutume avait maintenu le souverain dans le droit de disposer et d'aliéner les eaux publiques, et qu'elle ne faisait que rappeler à cet égard un principe consacré par le droit romain; mais lorsque la puissance avait usé de son droit et qu'elle avait réglé l'usage des eaux, alors celles-ci changeaient de nature, elles acquéraient tous les priviléges d'*eaux privées*, et elles étaient soumises aux règlemens particuliers des seigneurs ou des consuls. Il ne dépendait plus du domaine d'évoquer à lui toutes les affaires, et de s'ériger en juge de tous les différens. La coutume y avait pourvu, ainsi que nous l'avons déjà dit, et cette justice locale, rendue sans l'intervention d'aucune autorité, corrigeait à l'instant les abus, prévenait tous les inconvéniens, et assurait à l'irrigation des terres la seule protection qu'elle attende des lois.

Mais aujourd'hui, un système général de centralisation a tout modifié, tout envahi. Un orage vient-il à détruire les barrages établis sur un cours d'eau public, pour amener les eaux dans un canal, vous devez, avant de replacer un seul pieu, d'établir une seule pièce, prévenir l'autorité, par une pétition, de la perte que vous avez éprouvée. Celle-ci s'empresse de recueillir l'instruction préparatoire, et transmet la demande à l'ingénieur en chef. Quel que soit son zèle, celui-ci demande des délais, et se rend, quand il le peut, sur les lieux. De cette visite, il doit en résulter un rapport, un plan des lieux, un profil, et les coupes des travaux projetés.... Le tout est expédié avec un avis favorable du préfet à S. E. le Ministre de l'intérieur.... Nouveaux retards à Paris, nouvelles explications. C'est le niveau de la rivière qu'on a oublié d'indiquer, ce sera peut-être moins encore; mais enfin, on rédige avec luxe ces nouveaux matériaux, et le conseil des ponts et chaussées est nanti de l'affaire. Pendant ce temps, un ou deux orages surviennent; le lit de la rivière change encore, et lorsque l'autorisation de construire arrive de Paris, il est impossible d'effectuer les travaux autorisés.... Il faut, sous peine d'être usurpateur, renouveler la demande, et souscrire à des frais sans mesure. Cependant le canal est sans eau. Les usagers ont été privés de l'arrosage, qui seul pouvait fertiliser leurs grèves et leurs terres sablonneuses. Les produits agricoles diminuent, l'industrie souffre, et l'autorité locale gémit d'un mal qu'elle n'a pas le pouvoir de réparer.... Quel serait le remède aux abus qui menacent la prospérité de tout un département? *Ce serait de respecter la coutume,* au nom de laquelle la chambre des domaines autorisait tous les travaux d'entretien et déplacement des digues; ce serait de ne pas persister à s'attribuer, sur les eaux privées, des droits que le domaine a perdus par l'inféodation...; ce serait de rendre à l'administration les droits dont on l'a dépouillée, et d'autoriser les préfets, qui seuls peuvent apprécier nos besoins, à décider en dernier ressort sur l'usage des eaux....

Mais puisque nous venons d'aborder une question d'autant plus importante qu'elle paraît attaquer directement l'ordonnance de 1669, et le droit français; puisque nous avons signalé le danger de forcer tous les pays et tous les climats à reconnaître la même législation, osons continuer l'esquisse de quelques-uns des abus inséparables de ce système.

1°. La coutume prescrivait au conseil commun, c'est-à-dire, aux co-usagers ou membres d'une même communauté, de nommer leurs syndics (experts), en leur accordant le droit de donner le mandat, elle partageait autant qu'il dépendait d'elle les intérêts des mandataires. Le temps avait modifié la coutume, et la nomination des syndics, pour être définitive, devait être revêtue de l'approbation de l'Intendant. La loi nouvelle, ou plutôt la jurisprudence du Conseil d'État et celle des bureaux, ont changé ces formes libérales et protectrices. Une ordonnance du 20 mai 1818, portant règlement d'administration publique pour la rivière de la Thet, décide que les huit syndics de chacun des deux syndicats seront nommés par le préfet. Cependant le projet d'ordonnance conservait aux riverains le droit de choisir leurs mandataires, l'arrêté de M. le préfet (M. *de Villiers du Terrage*), du 7 juillet 1816, respectait l'usage; pourqoui l'a-t-on méconnu contre l'avis d'une commission syndicale, et contre l'opinion bien exprimée d'un premier magistrat? Le résultat de cet oubli n'est pas douteux; le syndicat de la Thet, si utile à la prospérité d'un des plus beaux cantons de la plaine, et si long-temps sollicité, n'existera que sur le papier.

2°. Il a déjà été observé que les rivières qui traversent la plaine du Roussillon, n'ont qu'un très-court trajet depuis leur source jusqu'à leur embouchure. Le temps ayant dépouillé le Canigou et les chaînes principales des couches calcaires qui ont dessiné leurs formes primitives, les schistes et le noyau granitique, décomposés par les élémens (1), se détachent journellement et viennent s'amonceler au pied des montagnes.

Ces immenses débris, ces blocs enveloppés de cailloux roulés, encombrent le lit des ravins supérieurs, en changent la pente et accélèrent la vitesse des eaux: insensiblement cependant les courans entraînent les matières, et vont les déposer dans les terres inférieures; tandis que les rivières se creusent un nouveau lit, et que la pente primitive se trouve à-peu-près rétablie. S'il survient un nouvel orage, les dépôts s'accumulent de nouveau vers le sommet du plan incliné, et ce nouvel accroissement de pente redouble la vitesse du courant, jusqu'à ce que celui-ci agissant sur les dépôts, les entraîne à leur tour vers l'embouchure. Cette oscillation continuelle dans la ligne de pente s'oppose à toute opération qui aurait pour but de déterminer l'inclinaison des grèves sablonneuses

(1) Les vents de mer sont une cause active et permanente de destruction. Le sel marin, combiné avec l'eau, s'attache sur la surface des granites. Son action est immédiate; il pénètre les pores et les désagrège en s'évaporant. Le sel marin qui reste attire l'humidité de l'atmosphère, se mouille de nouveau, et cette alternative de sécheresse et d'humidité accélère la dégradation.

sur lesquelles coulent nos torrens, et cependant cette même ligne de pente, comparée aux terres riveraines ou environnantes, est la *première pièce* que l'on exige dans l'instruction d'une affaire.

3°. Nos canaux et nos digues ne sont point *l'ouvrage de l'art*, proprement dit, ni d'un corps institué pour enseigner des méthodes. L'industrie a tâtonné, modifié, adopté des procédés, et le *cultivateur a pratiqué avec succès les règles de l'hydraulique sans en avoir jamais appris les élémens* (1). Cependant on voudrait nous assujettir aujourd'hui à soumettre tous les travaux à l'avis d'un homme de l'art ; on exige des plans rédigés avec luxe..... Que ces plans soient ensuite exécutés, ou bien qu'à défaut de fonds communs, ils restent dans les archives du syndicat ou de la préfecture, il n'en faut pas moins solder les frais consentis pour le compte des usagers ; tandis que les réparations projetées auraient été exécutées avec le montant des frais de visites, de rapports et de rédaction de plans... Mais si on venait nous dire : cette marche n'est pas aussi désastreuse que vous nous la présentez, puisque

---

(1) Lettre de M. le comte *François de Neufchâteau* sur les canaux d'irrigation.

l'arrosage se continue toujours avec succès. . . Je répondrais, que l'arrosage se continue, parce qu'on élude tant qu'on peut et *la loi et l'intermédiaire de l'administration ;* et à ce sujet je demanderais à mon tour, pourquoi l'on permet *que l'oubli d'une loi soit un bien !* .. Heureux encore quand des administrateurs sages savent apprécier nos besoins, *et garder autant que possible un silence protecteur.*

---

*EXTRAIT des registres des délibérations de la Société royale et centrale d'agriculture.*

SÉANCE DU 17 FÉVRIER 1819.

---

« Au nom d'une commission, M. *Héricart de Thury* fait un rappors sur le mémoire de M. *Jaubert de Passa*, relatif au système d'irrigation en usage dans le département des Pyrénées-Orientales.

» La Société approuve le rapport et les conclusions. Elle décide en conséquence : 1°. que le mémoire de M. *Jaubert de Passa* sera imprimé dans son recueil ; 2°. qu'il sera décerné à l'auteur une grande médaille d'or, dans la prochaine séance publique ; 3°. que le rapport de sa commission sera publié dans les *Annales de l'Agriculture française*. M. le rapporteur est invité à prendre des arrangemens avec un graveur pour la gravure des cartes jointes au mémoire. »

Pour extrait conforme :

*Le Secrétaire perpétuel de la Société*,

SILVESTRE.

Extrait des *Annales de l'agriculture française*,
tome V, 2e. Série.

www.ingramcontent.com/pod-product-compliance
Ingram Content Group UK Ltd.
Pitfield, Milton Keynes, MK11 3LW, UK
UKHW021030180726
13838UKWH00004B/1709

9 782329 407968